来发现吧，来思考吧，来动手实践吧
一套实用性体验型亲子共读书

5

365数学

趣味大百科

日本数学教育学会研究部 著
日本《儿童的科学》编辑部 著
卓 扬 译

朔 州 出 版 社
IUZHOUPRESS

图书在版编目（CIP）数据

365 数学趣味大百科 . 5 / 日本数学教育学会研究部，
日本《儿童的科学》编辑部著 ； 卓扬译 . -- 北京 ： 九
州出版社， 2019. 11（2020. 5 重印）

ISBN 978-7-5108-8420-7

Ⅰ . ①3… Ⅱ . ①日… ②日… ③卓… Ⅲ . ①数学—
儿童读物 Ⅳ . ① 01-49

中国版本图书馆 CIP 数据核字（2019）第 237296 号

著作权登记合同号 ： 图字 ： 01-2019-7161

来自 读者 的反馈

（日本亚马逊 买家 评论）

---

id: Ryochan ——————————————————————

　　关于趣味数学的书有很多，像这种收录成一套大百科的确实不多。书里介绍了许多数学的不可思议的方法和趣人趣闻。连平时只爱看漫画类书的孩子，不用催促，也自顾自地看起了这本书。作为我个人来说，向大家推荐这套书。

---

id: 清六 ——————————————————————

　　这是我和孩子的睡前读物。书里的内容看起来比较轻松，也相对浅显易懂。

---

id: pomi ——————————————————————

　　一开始我是在一家博物馆的商店看到这套书的，随便翻翻感觉不错，所以就来亚马逊下单了。因为孩子年纪还小，所以我准备读给他听。

---

id: 公爵 ——————————————————————

　　孩子挺喜欢这套书的，爱读了才会有兴趣。

匿名 ————————————————————————————————

这是一套除了小孩也适合大人阅读的书，不少知识点还真不知道呢。非常适合亲子阅读。

匿名 ————————————————————————————————

给侄子和侄女买了这套书。小学生和初中生，爸爸和妈妈，大家都可以看一看。

 id: GODFREE —————————————————————————

从简单的数字开始认识数学，用新的角度发现事物的其他模样，这套书让孩子尝试全新的探索方式。数学给我们带来的思维启发，对于今后的成长也大有裨益。

 id: Francois —————————————————————————

我是买给三年级的孩子的。如何让这个年纪的孩子对数学感兴趣，还挺叫人发愁的。其实不只是孩子，我们家都是更擅长文科，还真是苦恼呢。在亲子共读的时候，我发现这套书的用语和概念都比较浅显有趣，让人有兴致认真读下来。

 id: NATSUT —————————————————————————

我是小学高年级的班主任。为了让大家对数学更感兴趣，我为班级的图书馆购置了这套书。这套书是全彩的，有许多插画，很适合孩子阅读。

目 录

 图标介绍

 计算中的数学

 测量中的数学

 图形中的数学

 规律中的数学

 历史中的数学

 生活中的数学

 数学名人小故事

 游戏中的数学

 体验中的数学

目 录

本书使用指南

图标类型

本书基于小学数学教科书中"数与代数""统计与概率""图形与几何""综合与实践"等内容，积极引入生活中的数学话题，以及"动手做""动手玩"的内容。本书一共出现了 9 种图标。

计算中的数学

内容涉及数的认识和表达、运算的方法与规律。对应小学数学知识点"数与代数"：数的认识、数的运算、式与方程等。

测量中的数学

内容涉及常用的计量单位及进率、单名数与复名数互化。对应小学数学知识点"数与代数"：常见的量等。

规律中的数学

内容涉及数据的收集和整理，对事物的变化规律进行判断。对应小学数学知识点"统计与概率"：统计、随机现象发生的可能性；"数与代数"：数的运算等。

图形中的数学

内容涉及平面图形和立体图形的观察与认识。对应小学数学知识点"图形与几何"：平面图形和立体图形的认识、图形的运动、图形与位置。

历史中的数学

数和运算并不是凭空出现的。回溯它们的过去，有助于我们看到数学的进步，也更加了解数学。

生活中的数学

数学并不是禁锢在课本里的东西。我们可以在每一天的日常生活中，与数学相遇、对话和思考。

数学名人小故事

在数学历史上，出现了许多影响世界的数学家。与他们相遇，你可以知道数学在工作和研究中的巨大作用。

游戏中的数学

通过数学魔法和益智游戏，发掘数和图形的趣味。在这部分，我们可能要一边拿着纸、铅笔、扑克和计算器，一边进行阅读。

体验中的数学

通过动手，体验数和图形的趣味。在这部分，需要准备纸、剪刀、胶水、胶带等工具。

作者

各位作者都是活跃于一线教学的教育工作者。他们与孩子接触密切，能以一线教师的视角进行撰写。

阅读日期

可以记录下孩子独立阅读或亲子共读的日期。此外，为了满足重复阅读或多人阅读的需求，设置有 3 个记录位置。

日期

从 1 月 1 日到 12 月 31 日，每天一个数学小故事。希望在本书的陪伴下，大家每天多爱数学一点点。

迷你便签

补充或介绍一些与本日内容相关的小知识。

引导"亲子体验"的栏目

本书的体验型特点在这一部分展现得淋漓尽致。通过"做一做""查一查""记一记"等方式，与家人、朋友共享数学的乐趣吧！

御茶水女子大学附属小学
冈田纮子老师撰写

鬼脚图的横线有几条？

图1

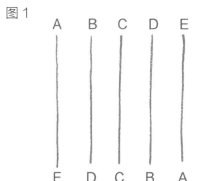

如图1所示，这是一个未完成的鬼脚图，标注着5条竖线、5个出发点、5个终点。如果想要A、B、C、D、E从出发点回到各自对应的终点，最少需要几条横线？我们将给大家介绍计算两种方法。

① 4条竖线开始。

如图2所示，这是一个4条竖线的鬼脚图，一共有6条横线。将这个鬼脚图向右挪动一格，就成了5条竖线的鬼脚图。A向右移动一格，横线增加1条。B、C、D经过同样移动，横线各增加1条。6 + 4 = 10，5条竖线的鬼脚图一共需要10条横线。

② 用线与线的交点。

在4月3日的"鬼脚图的秘密①"中，我们学习了做鬼脚图的方法。按照这个方法，将起点的字母与终点对应的字母连接起来，线与线的交点用横线来替换。

10个交点替换成10条横线，因此5条竖线的鬼脚图一共需要10条横线（图3）。

图2

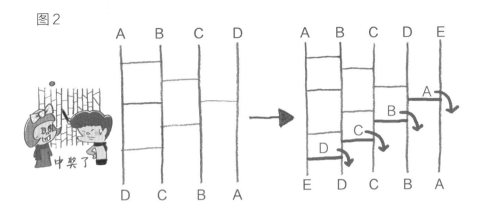

图3

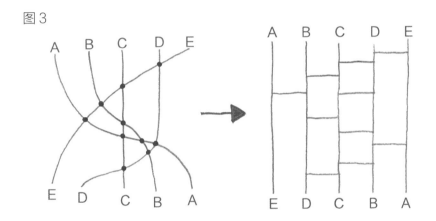

 难度加深，10条竖线的鬼脚图一共需要多少条横线？答案是45条。
请用上面的方法来确认一下吧。

关于 **小数** 的那些事

岛根县　饭南町立志志小学
村上幸人 老师撰写

阅读日期　　月　日　　月　日　　月　日

你会读小数吗？

在进行测量和计算时，不能正好得到整数结果时，你会怎么办？大家听说过"小数"这个词吗？它经常被使用在测量身高和体重上，比如，135.6 厘米或是 31.2 千克等。

它们分别被读作"一百三十五点六"和"三十一点二"。

再试试 2.17539，它的读法是"二点一七五三九"。不少小伙伴已经发觉："咦，它和整数的读法不一样！"

读整数时，需要留意数位的变化，而小数点后的小数部分只需要按顺序读出数字即可。有时候，你也不知道自己读到了哪个数位。

古时候的小数

未引入西方的小数点前，汉字也有一套小数单位表示小数。

如左页图所示，从大到小分别是"分、厘、毫、丝、忽、微、纤、沙、尘、埃、渺、漠、模糊、逡巡、须臾、瞬息、弹指、刹那、六德、虚空、清净"。

之前的数字 2.17539，可以表示为"二又一分七厘五毫三丝九忽"。"差之毫厘，谬以千里""饭要吃到八分饱"，在各种成语、俗语中，都有汉字小数的身影。属于汉字文化圈的日本，也有"一寸虫有五分魂（匹夫不可夺志，弱小者不可辱）""九分九厘（毫无疑问）"等俗语。

成数的表达方式

成数，表示一个数是另一个数的十分之几，它被广泛应用于各行各业的发展变化情况。假设在棒球比赛中，打击手的棒球安打对全部击球数的比率是 0.28，可以表示为：安打数是全部击球

数的二成八。那么，小数、成数的区别是什么？将标准量看作 1 的是小数，将标准量看作 10 的是成数。

公元 3 世纪，数学家刘徽提出把整数个位以下无法标出名称的部分称为微数。公元 13 世纪，元代数学家朱世杰提出了小数的名称。汉字小数在和算名作《尘劫记》（吉田光由 著）中也有记载。

该抽哪个抽奖箱？
容易中奖的方法

神奈川县　川崎市立土桥小学
山本直老师撰写

阅读日期　　月　日　　月　日　　月　日

中奖签的数量不同

以前，小卖部或是文具店里的神秘抽奖箱，是吸引我们掏出零花钱的一大利器。现在，在便利店和超市里，有时也会看到写着"买满□元抽1次！"的抽奖箱。

如左图所示，有A、B、C三个抽奖箱。箱子中的中奖签个数分别是：A箱子1个，B箱子5个，C箱子10个。所以，你会抽哪个抽奖箱？只能抽1次哟。

哪个箱子容易中奖？

当然是中奖签多的箱子容易中，那就选择C箱子吧。先别急着确定，中奖签多可并不代表中奖容易。中奖的关键是，箱子里还有多少个"谢谢惠顾"签。

假设A箱子里一共有2个签，1个中奖签，1个未中签。在这样的情况下，抽 2 次就能中 1 次奖。

假设 C 箱子里一共有 100 个签，10 个中奖签，90 个未中签。在这样的情况下，平均抽 10 次可以中 1 次奖。

因此大家要注意，中奖签数量越多，并不代表越容易中奖。

抽 2 次就能中 1 次吗？

还是在 A 箱子中抽奖，不过抽取条件略作修改，规定每次抽出的签都需要放回。在这样的情况下，中奖的概率将如何改变呢？这样，可不是抽 2 次就中 1 次了，连续 3 次中奖，或是连续 5 次不中，都有可能出现。不过，在重复抽取 100 次、1000 次甚至更多之后，中奖的概率将趋向于抽 2 次中 1 次（抽奖次数的一半）。如果你有时间的话，就来试一试抽奖，验证一下吧。

当你在琢磨"抽几次能中 1 次"的问题时，就是在思考概率的问题。在天气预报中，我们也经常可以听到"降水概率是百分之多少"的描述。

日本最高的建筑是什么

筑波大学附属小学
中田寿幸老师撰写

阅读日期 📖　　月　日　｜　月　日　｜　月　日

电视塔为什么那么高？

通常来说，2 层的教学楼是 8 米，3 层的是 12 米，4 层的是 16 米。出了校门，比学校教学楼高的建筑比比皆是。

目前，日本最高的建筑是东京晴空塔，高度为 634 米。而最终高度确定为 634 米，是因为"634"在日语中的发音，与东京都在古时候所属的武藏国发音相近。

京东晴空塔在 350 米及 450 米处各设一座观景台。单是站在这两个观景台上，就已经可以俯瞰日本第二高建筑东京塔（332.6 米）了。

为什么要建造这么高的电视塔呢？这是因为东京都内高楼林立，对电波传输造成了一定的障碍。为改善通信品质，从 2013 年起，东京晴空塔取代了东京塔，承担起电视信号发射功能。

比一比日本建筑的高度

截至 2016 年 2 月，东京第一高楼的名号属于中城大厦，楼高 54 层，248 米。

此外，还有 247 米的虎之门之丘、243 米的东京都厅等高楼。东京都内超过 200 米的高楼共有 20 座。

但是，东京第一高楼并不是日本第一。截至 2016 年 1 月，日本第一高楼的名号属于大阪的阿倍野海阔天空大厦，楼高 60 层，300 米。日本第二高楼是神奈川县的横滨地标大厦，楼高 70 层，296 米。

东京晴空塔的横截面

如果有一把无形之刃，横着切向东京晴空塔，可以发现横截面的形状在慢慢变化。

0 米处的基部为等边三角形，往上逐渐变圆，到了 300 米处就是圆形了。

东京晴空塔位于东京都墨田区。因为塔的基部是等边三角形，所以从高空俯视它的话，看到的就是等边三角形。

猜一猜小伙伴喜欢的水果

东京都　杉并区立高井户第三小学

吉田映子 老师撰

这是一个猜水果的游戏。首先，在 15 种水果卡牌中，请小伙伴在心中选好喜欢的水果。然后，你分别以 4 张水果牌进行提问，就可以猜中小伙伴喜欢的水果啦。

● 选择喜欢的水果

请从下面的 15 种水果里，选择你喜欢的 1 种水果。

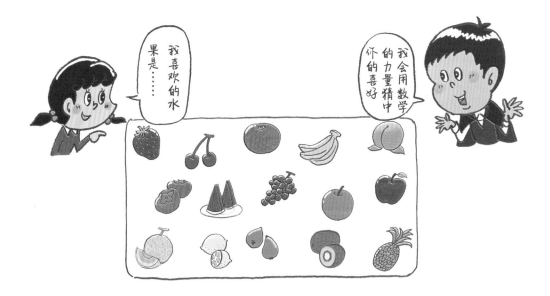

● 进行 4 次提问

依次向小伙伴展示 A-D 组合的 4 张水果牌，并提问："你喜欢的水果在这张卡牌中吗？"

"你喜欢的水果
在这张卡牌中吗？"

A

"你喜欢的水果在这张
卡牌中吗？"

B

"你喜欢的水果在
这张卡牌中吗？"

C

"你喜欢的水果
在这张卡牌中吗？"

D

假如小伙伴喜欢的水果是西瓜。

那么，对于 A—D 的提问，他会回答："A ＝在，B ＝在，C ＝在，D ＝不在"。通过这样的推算，就可以猜中小伙伴喜欢的水果了。

水果牌的总分，可以表示水果哟

4 张水果牌，内有大乾坤。设定 A 组水果 1 分，B 组水果 2 分，C 组水果 4 分，D 组水果 8 分。因为西瓜是"A ＝在，B ＝在，C ＝在，D ＝不在"，所以"A ＝ 1 分，B ＝ 2 分，C ＝ 4 分，D ＝ 0 分"，得 7 分。

如右页图所示，15 种水果分别被标注 1—15 的号码。看一看得分是 7 分的西瓜，刚好就是 7 号水果。某个水果在 A—D 水果牌中获得的总分，就表示了水果的号码。

再试试其他水果吧。因为苹果是"A ＝不在，B ＝在，C ＝不在，D ＝在"，所以"A ＝ 0 分，B ＝ 2 分，C ＝ 0 分，D ＝ 8 分"，得 10 分。找一找 10 号水果……果然就是苹果。

请使用这 4 张水果牌，猜一猜小伙伴喜欢的水果吧。

揭 晓 答 案

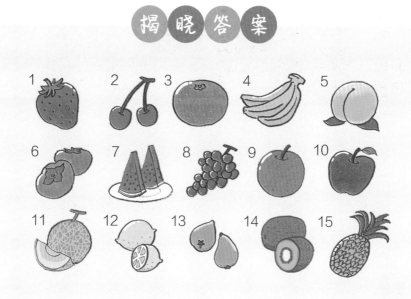

1   2   3   4   5

6   7   8   9   10

11   12   13   14   15

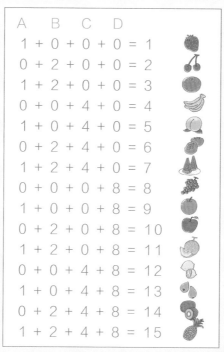

A	B	C	D		
1 + 0 + 0 + 0 = 1					
0 + 2 + 0 + 0 = 2					
1 + 2 + 0 + 0 = 3					
0 + 0 + 4 + 0 = 4					
1 + 0 + 4 + 0 = 5					
0 + 2 + 4 + 0 = 6					
1 + 2 + 4 + 0 = 7					
0 + 0 + 0 + 8 = 8					
1 + 0 + 0 + 8 = 9					
0 + 2 + 0 + 8 = 10					
1 + 2 + 0 + 8 = 11					
0 + 0 + 4 + 8 = 12					
1 + 0 + 4 + 8 = 13					
0 + 2 + 4 + 8 = 14					
1 + 2 + 4 + 8 = 15					

游戏的谜底在于，使用 1、2、4、8，可以组成 1—15 的所有数字。

19

正方形大变身！
关于分割的益智游戏

5月
06日

神奈川县　川崎市立土桥小学
山本直老师撰写

| 阅读日期 | 月 | 日 | 月 | 日 | 月 | 日 |

将正方形分割成3个部分

请大家试着分割一个正方形，让它变身成其他的形状吧。

如图1所示，正方形被分成了3个部分。仅仅通过3个部分，就可以组成其他的形状吗？如图2所示，经过巧妙的摆放，正方形可以变身为直角三角形、平行四边形、梯形等形状哟。

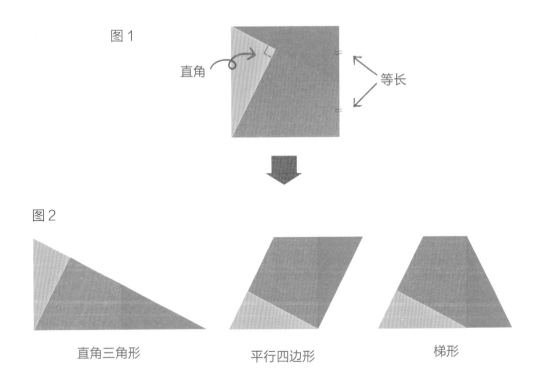

图1

直角

等长

图2

直角三角形　　　　　　平行四边形　　　　　　梯形

正方形变身为长方形和三角形

能够组成很多形状的秘密，是因为最初分割的 3 个部分都拥有直角。2 个直角进行组合，就可以形成一条直线，从而能够变身为直角三角形和平行四边形。此外，有一个分割点位于正方形边长的中心，这也给正方形的变身提供了许多便利。总之，一定数量的直角和等长的边，让分割益智游戏充满趣味。

摆放方法是关键！

经过巧妙的摆放，正方形成功变身了。在转动、翻转时，要注意考虑方向。

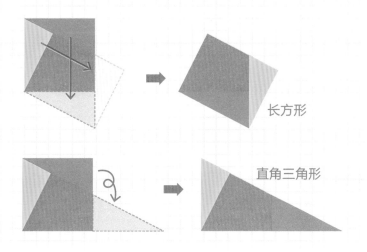

长方形

直角三角形

无论多复杂的形状，也逃不开"移动""转动""翻转"这 3 种基本摆放方法。万变不离其宗，大家来试试吧。

柔道级别的秘密

柔道级别的秘密

5月

07日

御茶水女子大学附属小学

冈田纮子老师撰写

阅读日期　　月　日　｜　月　日　｜　月　日

你知道柔道的级别吗？

你看过柔道比赛吗？比赛中会根据参赛选手的体重，进行分级。体重相近的人，参加同一体重级别的比赛。设定不同的级别，是为了在一定程度上消除体重带来的压制。在这种规则之下，可以保证比赛的公平性。

在柔道比赛中，女子组可分为 48 公斤级、52 公斤级、57 公斤级、63 公斤级、70 公斤级、78 公斤级、78 公斤以上级 7 个级别。打个比方，体重为 50 公斤的人，参加的就是 52 公斤级的比赛。体重 48.01-52 公斤的人，都可以参加 52 公斤级的比赛。

男子组也可以分为 60 公斤级、66 公斤级、73 公斤级、81 公斤

图 1

级、90 公斤级、100 公斤级、100 公斤以上级 7 个级别。

每个级别增加多少公斤？

柔道各个级别并不是 5 公斤、10 公斤这样均等地增加。请观察图 2 中柔道女子组的各个级别，看看体重是如何增加的。

48 公斤级到 52 公斤级增加 4 公斤，52 公斤级到 57 公斤级增加 5 公斤，57 公斤级到 63 公斤级增加 6 公斤，63 公斤级到 70 公斤级增加 7 公斤，70 公斤级到 78 公斤级增加 8 公斤。也就是说，各个级别增加的体重是 4 公斤、5 公斤、6 公斤、7 公斤、8 公斤，每一项与它的前一项的差都等于 1 公斤。

再看男子组，各个级别增加的体重是 6 公斤、7 公斤、8 公斤、9 公斤、10 公斤，每一项与它的前一项的差也等于 1 公斤。虽然各个级别每次增加的体重不同，但增加重量都比前一次多 1 公斤，这是巧合还是有意为之呢？

图 2

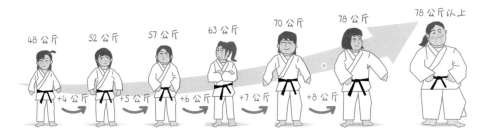

除了柔道，摔跤、拳击等运动也会根据体重进行分级。

从上往下看，立体图形的俯视图

熊本县　熊本市立池上小学
藤本邦昭老师撰写

阅读日期　月　日　｜　月　日　｜　月　日

你看见了什么？

如图 1 所示，这是由 5 个骰子形状的小正方体所组成的。

改变图 1 的视角，从上往下看的话，就成了图 2 的样子。

从上往下观察一个立体图形，可以得到它的俯视图。生活中常见的地图，就是一张大的俯视图。

给小正方体整整队形，重新摆放。当我们从上往下观察，得到是

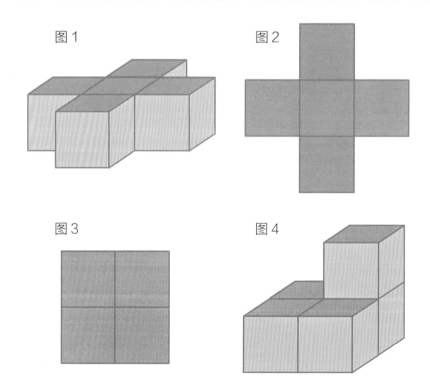

图 1

图 2

图 3

图 4

图 3 所示的俯视图，问小正方体是如何摆放的？

俯视图中只有 4 个正方形，5 个小正方体中还有一个藏到哪里去了？啊，原来是藏到二楼去了（图 4）。只知道一个方向的视图，是不能精确还原它的立体图形的。

再来看看图 5，你知道它是由哪些立体图形摆出的俯视图吗？知道一个方向的视图，可以摆出多种立体图形（图 6）。

图 5　　　　　　　　　图 6

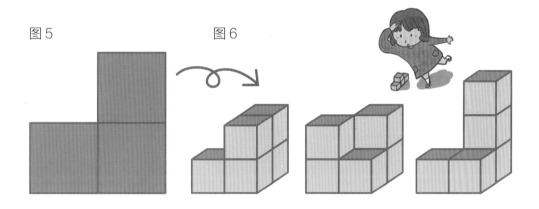

用积木摆一摆、画一画，就可以体验到"俯视图还原立体图形""立体图形作画俯视图"的乐趣了。

10 日元、100 日元……
钱包里各种面值的硬币有多少

北海道教育大学附属札幌小学
泷泷平悠史 老师撰写

阅读日期 🏷 月 日 | 月 日 | 月 日

钱包里的钢镚儿

图 1

你有自己的钱包吗？钱包里是不是放着零花钱？

现在，钱包里有 119 日元硬币。假设这堆硬币一共有 7 枚，那么可能有哪些面值，又各有多少枚呢？

从面值大的开始

在日本，日常流通的硬币面值分别有 1 日元、5 日元、10 日元、50 日元、100 日元、500 日元 6 种（图 1）。

从面值大的硬币开始看起。因为 500 日元硬币已经超过 119 日元了，所以它肯定不在钱包里。

再来是 100 日元硬币。119 日元里最多只可能出现 1 枚 100 日元硬币。

当钱包里有 1 枚 100 日元硬币时，剩下的 19 日元中，就不可能出现 50 日元硬币了。10 日元硬币的话，最多能出现 1 枚。1 枚 100 日元硬币、1 枚 10 日元硬币，加起来一共是 110 日元。也就是说，剩下的 5 枚硬币面值等于 9 日元。

使用 1 日元硬币或 5 日元硬币可以组成 9 日元。如图 2 所示，有两种方法。显而易见，使用 1 枚 5 日元硬币、4 枚 1 日元硬币的方法 B 是所求的答案。

图 2

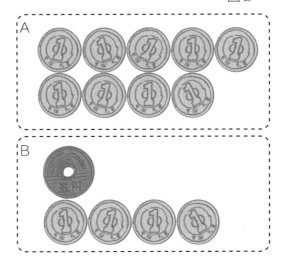

试一试

还有其他的组合方式吗？

当前提条件换成"硬币总数不是 7 枚"的时候，这堆硬币可能有哪些面值，又各有多少枚？

500 日元硬币 ➡ ×
100 日元硬币 ➡ ？枚
50 日元硬币 ➡ ？枚
10 日元硬币 ➡ ？枚
5 日元硬币 ➡ ？枚
1 日元硬币 ➡ ？枚

119 日元

迷你便签

在购物时，想一想付钱的纸币、硬币组合是件有趣的事。以 110 日元为例，就有许多种硬币的组合方式。

现在还在使用！
古代的体积单位

5月 **10** 日

东京都　丰岛区立高松小学

细萱裕子老师撰写

阅读日期　　月　日　　月　日　　月　日

为什么大米的单位是1合、2合？

日本人的主食是大米。店里卖的袋装大米，有 5 千克的、10 千克的等，标注的是重量单位"千克"；而在煮饭时，日本的大米量杯上标注的是"1 合""2 合"，使用的是"合"这个单位。日本在描述电饭煲的容量时，用的也是"合"。

合，是古代流传下来的计量单位。古时官府制定了测量容量的器具，叫作"一升枡"，计量得到的体积称作一升。"一升枡"的大小，

图 1　日本全国统一使用的"一升枡"

28

随着在日本全国统一使用而固定下来。现在可知，1 升 = 1.804 立方分米；十合为一升，1 合 = 0.1804 立方分米 ≈ 约 180 立方厘米。以大米量杯为例，1 杯 = 180 立方厘米 = 1 合。

十升为一斗

十升为一斗，十斗为一石。在日语中，还有一升瓶、一斗桶这样的词汇。一升瓶，形容的是容量为 1.8 升的玻璃瓶，常用来装酱油、甜料酒、料酒等调味品，或是日本酒、红酒等酒类。一斗桶，指的是容量为 18 升的长方体金属桶，常用来装调味品、食用油、油漆、石蜡等。

日本古时的长度单位

日本古时的长度单位

1 寸 ≈ 约 3.03 厘米　　1 分 ≈ 约 0.303 厘米

"一升枡"的长和宽

4 寸 9 分 = 3.03 × 4 + 0.303 × 9 = 14.847 厘米

"一升枡"的高

2 寸 7 分 = 3.03 × 2 + 0.303 × 7 = 8.181 厘米

长 × 宽 × 高 =

14.847 × 14.847 × 8.181 = 1803.36…… 立方厘米

1 合大米的重量，约为 150-160 克。1 升大米的重量约为 1.5-1.6 千克，1 斗大米约为 15-16 千克，1 石大米约为 150-160 千克。古装剧里，经常出现某某粮食一百万石的字眼，这里的重量大约是 15 万 -16 万吨。合、升、斗、石也是中国古代计量单位（与日本对应的重量不同），不过它们在我们生活中几乎已经无影无踪了。

运算的窍门① ——
无中生有

东京都 杉并区立高井户第三小学
吉田映子 老师撰写

5月 **11** 日

阅读日期 月 日 月 日 月 日

99 + 99 等于多少？

99 + 99 等于几？请用笔算来算一算吧。

$$
\begin{array}{r}
99 \\
+99 \\
\hline
198
\end{array}
$$

笔算过程如上所示，注意有两次进位。其实，这个运算还有简便的窍门。已知，99 加上 1 等于 100。首先，计算 100 + 100，答案是 200。

刚才的运算中，将 99 看作 100 来进行计算。多加了两次 1，所

图 1

以 200 中要减去 2，答案是 198。

$$100 + 100 = 200$$
$$\uparrow+1 \quad \uparrow+1 \quad \downarrow-2$$
$$99 + 99 = 200-2$$

如图 1 所示，来看一张直观的说明图。

计算图 1 中的〇。● 原本代表不存在，"无中生有"之后，可以当成全部有 200 个〇。不过两个 ● 不存在的事实，最后还是被发现了。所以 200 减去 2，得 198。

999 + 999 怎么做？

同样是"无中生有"1，把 999 当成 1000 来运算。

1000 + 1000 = 2000

$$\uparrow+1 \quad \uparrow+1 \quad \downarrow-2$$

999 + 999 = 2000 − 2

答案 1998，马上
就算出来了。

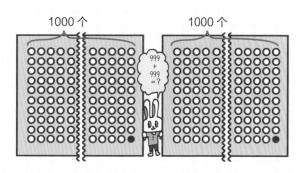

掌握了这个运算的窍门，就可以与大数字战斗啦。

用牙签摆一摆等边三角形

体验中的数学

神奈川县　川崎市立土桥小学

山本直老师撰写

5月 **12** 日

| 阅读日期 | 月 | 日 | 月 | 日 | 月 | 日 |

等边三角形有几条边？

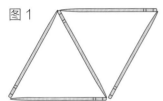

图1

由3条线段围成的图形（每相邻两条线段的端点相连）叫作三角形，这些线段叫作三角形的边。3条边都相等的三角形，叫作等边三角形。

用牙签摆一摆等边三角形，很简单吧。摆1个等边三角形需要3根牙签，那么摆两个等边三角形，又需要几根牙签？

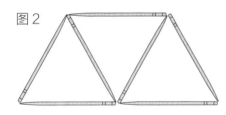

图2

$3 \times 2 = 6$，那就是需要6根牙签喽。不对呀，实际上用不了那么多。如图1所示，两个等边三角形共用1条边，所以只需要5根牙签。

3个、4个等边三角形呢？

等边三角形继续增加，仔细观察牙签的数量又是怎样变化的呢？如图2、图3所示，3个等边三角形需要7根牙签，4个等边三角形需要9根牙签，牙签每次增加2根。再来摆一摆5个、6个等边三角形。哎呀，还出现了增加1根牙签就增加1个等边三角形的情况（图4）。

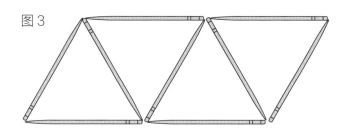
图 3

牙签摆放的方法不同，等边三角形出现的个数也不同。此外，随着等边三角形的增加，各种各样的图案也出来了。还有哪些摆放的方法，快来试一试吧。

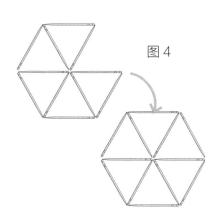
图 4

试一试

6 根牙签组成 4 个等边三角形？

你知道吗，只用 6 根牙签就可以组成 4 个等边三角形啦。如右图所示，原来摆出来是个立体图形。冲破平面的思考，真是有意思。

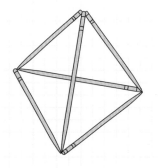

迷你便签

在等边三角形变身六边形的过程中，等边三角形从 5 个增加到 6 个时，只需要增加 1 根牙签（图 4）。

在富士山山顶远眺

岩手县　久慈市教育委员会
小森笃老师撰写

从山顶可以望多远？

登高远眺，天公作美时视野极佳，远处的景致尽收眼底。如果登上日本第一高山富士山，最远可以看到多远的地方？

能看到多远这个问题，用一个三角形就可以解决了（图1）。

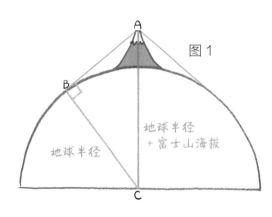

图1

地球半径 + 富士山海拔

地球半径

如图1所示，可以看见一个直角三角形ABC。红色的边AB，就是从富士山山顶远眺的距离。

· 地球半径（边BC）：约6378千米

· 富士山海拔：3.776千米

·地球半径＋富士山海拔（边AC）＝6381.776千米

根据已知条件，可以求得红色的边AB约为220千米（具体计算方法将在初中时学习）。

不愧是富士山

如图2所示，这是一个以富士山为中心、半径为220千米的圆。

西到滋贺县，北至福岛县，都可以尽收眼底，不愧是日本第一高山富士山。从古至今，有许多利用富士山海拔进行的观测活动。

图2

运用相同的计算方法，可以知道登上东京第一高塔晴空塔（见5月4日）的第二展望台（450米）后，能够看到76千米远的地方。

林荫道的长度是多少？
神奇的植树问题

北海道教育大学附属札幌小学
泷泷平悠史老师撰写

阅读日期	月 日	月 日	月 日

植树问题是什么？

　　植树问题是一道经典的趣味数学问题，今天我们就来看一看它。植树问题中的树，指的是行道树，它们通常种在道路两旁及分车带，是为车辆和行人遮阴并构成街景的树种。所以说，植树问题是一道非常生活化的数学问题呢。

　　请看看这道数学应用题。

　　林荫道每隔 8 米种植 1 棵树，且两端都要植树。已知林荫道共植 5 棵树，问道路长度是多少米？

　　已知树木棵数与树木间隔长度，求林荫道长度，是植树问题的一种类型。

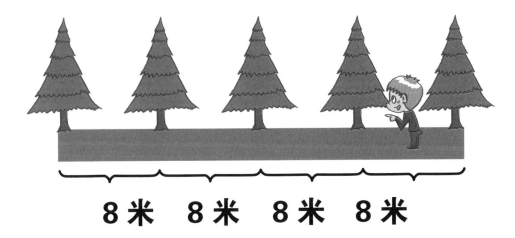

8米　　8米　　8米　　8米

　　貌似是一道简单的乘法题目，带着这样的想法就做了起来：树木间隔长度为 8 米，一共有 5 棵数，因此是 8×5 = 40 米。真的这么简单吗？来画一画图，确认一下。

　　通过这幅图，可以发现之前计算中疏漏的地方了。树木虽然有 5 棵，但树与树的间隔（8 米）可不是 5 个。也就说是，8×5 这个算式并不成立。

　　树木间隔长度为 8 米，间隔的数量比 5 少 1，是 4 个。可知，林荫道全长是 8×（5 - 1）= 32 米。

　　植树问题需要留意的地方，就是树木数量不一定等于树与树的间隔数量。

绕着池塘的林荫道

　　如右图所示，当林荫道不再是笔直的道路，而是围着池塘绕一圈时，植树问题又有了新情况。同样是每隔 8 米种植 1 棵树，一共植 5 棵树，林荫道长度是多少呢？请思考树木数量与间隔数量的关系。

迷你便签

　　当人们排成一列长队时，人与人的间隔数量，也比总人数要少 1 个。

厘升这个单位去哪儿了

测量中的数学

御茶水女子大学附属小学
久下谷明老师撰写

5月 **15**日

阅读日期　　月　日　　月　日　　月　日

各种单位排一排

盛水的容器有大有小，能盛的水就有多有少。计量液体容积，比较常见的单位有升（L）、分升（dL）、毫升（mL）。它们之间的大小换算，如图1所示。测量物体长度，比较常见的单位有米（m）、厘米（cm）、毫米（mm）。它们之间的大小关系，如图2所示。

图1

图2

你也发现了，是吗？有两个用红字标注的单位落单了。厘升和分米，它们的身影在生活中似乎不太常见。不过，这两个单位确确实实是存在的。

正是因为不常使用，所以显得十分陌生。但使劲找一找，还是可以发现它们的踪迹的。

以厘升为例，常用来描述液体药剂和进口饮料的容量。有兴趣的话，大家可以确认一下哟。

1L 还是 1*l*？

升的单位符号，有人写成大写字母 L 或者小写字母 *l*。升的符号名称并非来源于人名，在国际上原本使用小写字母 *l*，但是由于 *l* 易与阿拉伯数字 1 发生混淆，因此 1979 年第 16 届国际计量大会决议：作为一个例外，允许两个符号 *l* 和 L 作为升的符号。

迷你便签

单位符号的字母一般小写，若单位名称来源于人名，则其符号的第一个字母大写。比如，力学单位牛顿，简称牛。因为它是以科学家艾萨克·牛顿（Isaac Newton）的名字命名，所以符号为 N。

有几张小贴纸？
图里推出的算式

明星大学客座教授
细水保宏老师撰写

5月 16日

小贴纸有几张？

图1

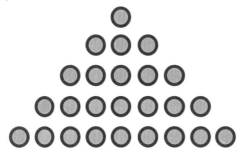

图2

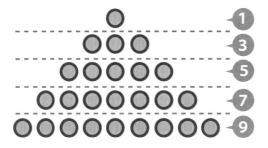

如图 1 所示，请数一数一共有几张圆形小贴纸。

数好之后，让我们合上书本。回想一下这幅图，把它复原到笔记本上。

像一座金字塔，从最高层到最低层，共有 5 层，每层的小贴纸分别是 1、3、5、7、9 张。

慢慢数完之后，可以知道小贴纸一共有 25 张。

如果有人觉得一张一张数太麻烦的话，接下来马上呈上简便方法。从图里推导出算式，你就马上能说出答案了。

从图里推出算式

图和算式可以互相推导，当它们结合在一起时，数学会变得更有趣。

如图 2 所示，从金字塔的小贴纸可以推出 $1 + 3 + 5 + 7 + 9 = 25$ 的算式。

算式里推出的图

解读以下算式，找出与之相对应的图。

① $1 + 2 + 3 + 4 + 5 + 4 + 3 + 2 + 1 = 25$

② $(1 + 9) × 5 ÷ 2 = 25$

③ $5 × 5 = 25$

（答案在"迷你便签"）

图 3

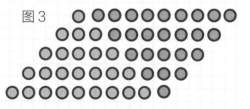

图 4

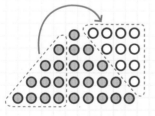

图 5

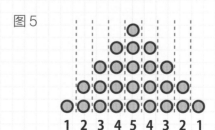

1 2 3 4 5 4 3 2 1

迷你便签

$1 + 3 = 4 = 2×2$，$1 + 3 + 5 = 9 = 3×3$，$1 + 3 + 5 + 7 = 16 = 4×4$。几个连续奇数的和，等于奇数数量的平方。"试一试"的答案：①→图 5，②→图 3，③→图 4。

机器人保安警戒中……
周长与面积

学习院小学部

大泽隆之老师撰写

阅读日期　　月　日　　月　日　　月　日

它会发觉小偷蚂蚁吗？

嘟嘟嘟，嘟嘟嘟，机器人保安警戒中。它们要保护的宝贝方糖，正是小偷蚂蚁的目标（图1）。

机器人保安会自动绕着方糖四周巡逻。一圈下来，如果感知到线路长度相同，就会做出"一切正常"的判断。

小偷蚂蚁偷偷搬走了1颗方糖，机器人保安能够及时察觉吗？

哎呀，这蚂蚁还挺聪明。因为线路长度相同，机器人保安居然没有发现异常（图2）。

图1

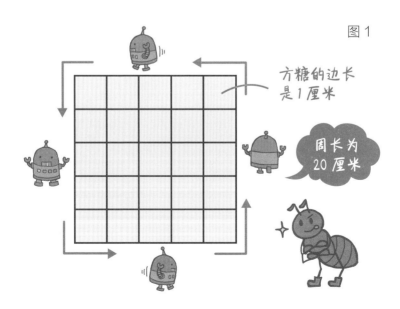

方糖的边长是1厘米

周长为20厘米

周长真的没有变吗？我们来确认一下。虽然小偷蚂蚁搬走了1颗、2颗、3颗、4颗……但周长和之前正方形的周长是一样的（图3）。

如图4所示，小偷蚂蚁说它搬累了，给机器人保安留下5颗方糖吧。这时的周长还是20厘米。

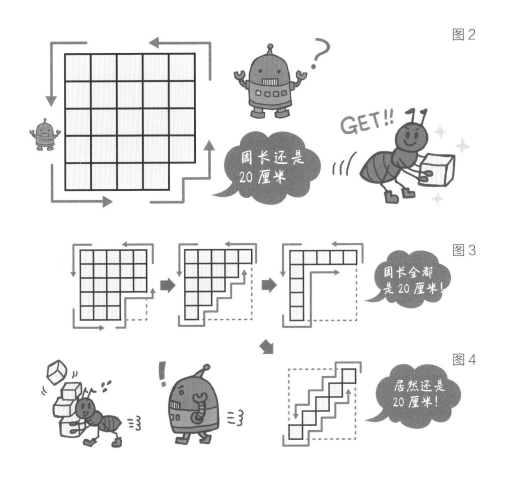

图2

周长还是20厘米

GET!!

图3

周长全都是20厘米！

图4

居然还是20厘米！

迷你便签

周长相等的形状，面积不一定相等。这个只会测量行走线路长度（周长）的机器人保安，应该被就地解雇！

使用数字 1 到 5 的魔术加法

青森县　三户町立三户小学
种市芳丈 老师撰写

阅读日期	月　日	月　日	月　日

好神奇！都能被3整除

数字 1-5，按顺序排排站。保持站位不动，然后用组成的数进行加法运算吧。比如，1 + 2 + 3 + 4 + 5 = 15，12 + 34 + 5 = 51。请想出 3 个算式，并进行加法运算。

然后，把几个数相加的和除以 3。除了 15 和 51 能被 3 整除，我敢肯定你的 3 个算式的和，也可以被 3 整除。

是偶然，还是必然？话不多说，我们把所有的数字组合都列举出来，看看是不是都能被 3 整除。

图1

- 全部是一位数
$1+2+3+4+5=15$

- 两位数 + 两位数 + 一位数
$12+34+5=51$
$12+3+45=60$
$1+23+45=69$

- 三位数 + 两位数
$123+45=168$
$12+345=357$

- 五位数
12345

- 两位数 + 一位数 + 一位数 + 一位数
$12+3+4+5=24$
$1+23+4+5=33$
$1+2+34+5=42$
$1+2+3+45=51$

- 三位数 + 一位数 + 一位数
$123+4+5=132$
$1+234+5=240$
$1+2+345=348$

- 四位数 + 一位数
$1234+5=1239$
$1+2345=2346$

注意除法的余数

一个数能否被 3 整除，有一个迅速判断的诀窍——各数位上的数字相加之和是

3 的倍数，那么这个数就能被 3 整除。

　　利用这个判断方法，可以进行两种形式的验证。一是将数的各数位数字相加，和可以被 3 整除，所以这个数能被 3 整除。二是将数字回推算式，算式中每个数字的各数位数字相加就是 1 + 2 + 3 + 4 + 5 = 15，所以这个数能被 3 整除（图 2）。

　　被除数、除数、商、余数是除法的 4 个名词，余数比除数小。

图 2　　　　　例

12＋34＋5=51
(1＋2＋3＋4＋5)÷3=5

1234＋5=1239
(1＋2＋3＋4＋5)÷3=5

12345
(1＋2＋3＋4＋5)÷3=5

迷你便签

在日本的高中数学课本中，涉及同余运算。用 "19 = 1（mod3）" 表示 19 和 1 除以 3 的余数相同。

北海道和香川县
面积的秘密

筑波大学附属小学
盛山隆雄 老师撰写

阅读日期 ✐ ｜ 月 日 ｜ 月 日 ｜ 月 日

北海道是日本的几分之一？

你知道北海道占日本国土面积的比重吗？ 请从以下选项中选择。

① $\frac{1}{5}$。

③约 $\frac{1}{8}$。

④约 $\frac{1}{10}$。

其实，北海道（约8万平方千米）大概是日本国土面积（约38万平方千米）的五分之一。北海道还真是挺大的。

香川县是日本的几分之一？

再来看一看香川县，它是日本47个都道府县中最小的县。香川县是日本国土面积的几分之一？ 请从以下选项中选择。

①约 $\frac{1}{50}$。

②约 $\frac{1}{100}$。

③约 $\frac{1}{200}$。

香川县只有 1876 平方千米，约为日本国土面积的 $\frac{1}{200}$。在 47 个都道府县中，只占了 $\frac{1}{200}$，实在是够小的了。

四国和岩手县谁大？

日本的四国地区，按照行政区划包括德岛县、香川县、爱媛县和高知县。这 4 县与日本东北地区的岩手县相比，谁的面积大？

①四国地区。
②岩手县。
③不相上下。
（答案见"迷你便签"。）

"想一想"的答案是①四国地区。四国地区的四县总面积约为 19000 平方千米，岩手县的面积约为 15000 平方千米。不过，如果将四国地区和岩手县重叠起来，看上去大小是差不多的。

我在第几层？
不同国家对楼层的不同表达

神奈川县　川崎市立土桥小学
山本直 老师撰写

阅读日期 　月　日　｜　月　日　｜　月　日

正门在第 1 层吗？

从大道走进大楼的大门，我要提一个问题：这大门是在大楼的 1 层吧？可别说是明知故问，在某些国家大门就是在 G 层。G 层之上，才是 1 层。也就是说，我们口中的 2 层，到了那些国家就变成 1 层了。G，是英语 Ground floor 的缩写，它指的是紧贴地面的那个楼层。

10 层				10 层
9 层				9 层
8 层				8 层
7 层				7 层
6 层				6 层
5 层				5 层
4 层				3 层
3 层				2 层
2 层				1 层
1 层				G 层

不使用不吉利的数字

在某个国家，人们认为 4 是不吉利的数。因此在建筑中，4 消失得彻彻底底。在我们口中的 10 层，到了那个国家是几层？首先，1 层被 G 层所取代，因此楼层要少说一层。但是，因为 4 层的消失，楼层数又与我们一致了。10 层，还是 10 层。

那么 20 层和 50 层又是什么情况？通常来说，10 层往上增加 10 层，就是 20 层。但是在那个国家，没有 14 层。因此，增加 10 层后是 "21 层"。数到 30 层时，同样也没有 24 层，所以在那个国家称为 "32 层"。

50 层的情况就比较复杂了。消失的除了 34 层，还有 40 层到 49 层，整整差了 13 个楼层。所以答案是 63 层吗？别急，54 层和 64 层也是不存在的。也就是说，实际上的 50 层，到了那个国家居然就成了 "65 层"。

消失的两个数字

假设我们又到了另一个国家，那里的人们认为 4 和 9 都是不吉利的数字，那么 "50 层" 又该如何表

1~10	➡ 4 和 9
11~20	➡ 14 和 19
21~30	➡ 24 和 29
31~40	➡ 34、39 和 40
41~50	➡ 50 以外全部（9 个楼层）
继续	
51~60	➡ 54 和 59
61~70	➡ 64 和 69

示呢？到 50 层，消失的楼层一共有 18 层。而 51 层到 70 层之间，有 4 层楼是不存在的。消失的两个数字，带来了消失的 22 个楼层。因此，实际上的 50 层，在这个国家是 "72 层"。

在进行特殊规律的计数时，要注意做到不重不漏。

49

1.0 和 0.1，视力表的小数记录法

东京学艺大学附属小学
高桥丈夫老师撰写

你见过 C 视力表吗？

你见过测量视力时大大的 E 吗？相对于 E 视力表来说，可能大家对 C 视力表有些陌生。C 视力表也是用于测量视力图表的一种，通常称 C 字表，又称兰氏环形视力表，主要用来检测飞行员等对视力有高度要求职业的人员。在日本，人们通常使用的就是 C 视力表。

图 1
1.5 毫米
1 毫米
7.5 毫米

如图 1 所示，这是 C 视力表中的一个 C 字形环：边长 7.5 毫米的正方形中，有一个 1 毫米宽度的环，环上还有一个 1.5 毫米宽的缺口。如果你在距离 5 米的地方看清了它，就可以证明视力达到 1.0。如果在距离 10 米的地方，你还能够看清这个 C 字环，可以证明视力达到了 2.0。反之，如果在距离 2.5 米的地方，你才能够看清这个 C 字环，证明视力达到 0.5。当然，在实际操作中，不可能让测试者来回变换距离，同时也是为了减少检查中的人为误差，于是采取人不变，C 变的方法。改变 C 字环的大小和方向，从而形成了视力表。

也就是说，视力 2.0 的 C 字环是视力 1.0 的 $\frac{1}{2}$，而视力 0.5 的 C 字环是视力 1.0 的 2 倍。

假设你连视力表上最大的 C（视力 0.1）都看不清，那么尝试从距离 5 米移动到 4 米，如果这时看清的话，你的视力是 0.08。

因此通过视力表，检查出 5.0 的视力也不在话下哟。原来在视力检查中，还藏着数学知识呀。

字环越来越小

小数记录法下 5.0 的视力，是指在距离 25 米的地方看清视力 1.0 的 C 字环。中国现行的标准对数视力表是 E 视力表，采取 5 分记录法（5.0 为标准），和今天介绍的小数记录法（1.0 为标准）可以换算。文中出现的视力也可换算为 5 分记录法：2.0（5.3），1.0（5.0）、0.5（4.7），0.1（4.0），0.08（3.9）。

如何画一个正方体

22日

大泽隆之老师撰写

阅读日期　　　月　日　｜　月　日　｜　月　日

正方体的画法有窍门

你会画正方体吗？今天我们将教大家画一个美美的正方体。

先来第一个方法。画一个正方形，从 3 个顶点向斜后方画出 3 条等长的平行线段，最后依次连接平行线段。这是一个严严实实的正方体，看不到的线条就没有画哟。（图 1）

再来第二个方法。画一个正方形，挪一挪位置，再画一个正方形。把两个正方形对应的顶点连接起来，就是一个可以看到内部线条的正方体了！（图 2）

利用这个方法，当正方形变成长方形或三角形时，你也可以画出对应的长方体和三棱柱。最后，再

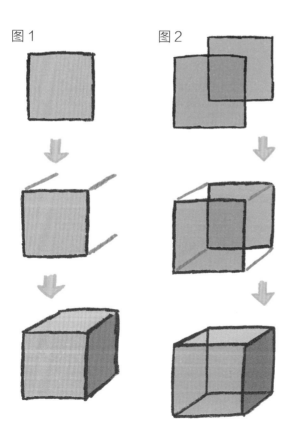

图 1　　　图 2

挑战一下变成圆形的情况吧。

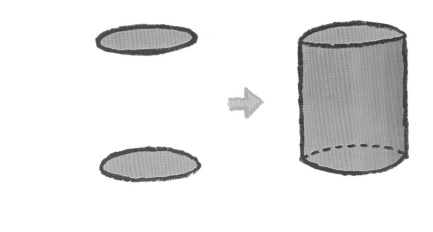

你会画圆柱吗？

　　如上图所示，这是一种画圆柱的方法。想一想，还有其他画法吗？

　　掌握了这个画正方体的方法，还可以应用到日常生活中。来吧，画一画高楼和矮房，画一画圆柱和棱柱，再画一画我们的身体。

两个人分包子

北海道教育大学附属札幌小学
泷泷平悠史老师撰写

阅读日期 📎　月　日　月　日　月　日

唉，为什么多了4个？

图1

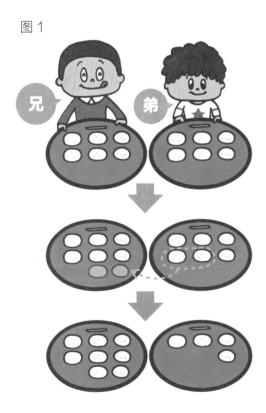

现在有 12 个包子，两兄弟打算分着吃。

哥哥个头大，想多吃 2 个。于是，每人各会分到多少个包子？

首先，我们将 12 个包子平分，就是每人分到 6 个包子。然后，因为哥哥要多拿 2 个，所以弟弟就把自己的 2 个包子给了哥哥。于是，兄弟两人的包子是相差了 2 个吗？（图 1）

仔细一看，哥哥的包子居然比弟弟多了 4 个。为什么会这样呢？试着回顾一下分包子的过程。

首先，弟弟把 2 个包子给了哥哥。因此弟弟手上的包子就是 6 − 2=4。也就是说，减少 2 个后，手上只剩下 4 个。

然后，哥哥从弟弟那儿拿到 2 个包子，所以就是 6 + 2=8。哥哥的包子比一开始多了 2 个，变成了 8 个。弟弟减少 2 个，哥哥增加 2 个，结果就导致兄弟俩的包子差了 4 个。

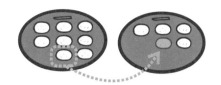

怎样才能差 2 个？

哥哥觉得包子拿多了，于是还了 1 个包子给弟弟（图 2）。

哥哥的包子减少 1 个，弟弟的包子增加 1 个。于是，两人的包子个数正好相差 2 个。

图 2

试一试

当相差数量发生变化

思考一下这样的情况，兄弟俩手上包子的个数差从 2 个变成 3、4……其实大家只要准备几颗弹珠实际分一下，就很容易得出结论了。怎么样，你能让兄弟俩的包子相差 3 个、4 个吗？

迷你便签

如果兄弟俩的包子相差 2 个，那么包子总数可能是 6 个、8 个、10 个等可以被 2 整除的数。能被 2 整除的整数叫作偶数，不能被 2 整除的整数叫作奇数。在"试一试"中，在 12 个包子的情况下，兄弟俩的包子数可能相差 4 个，不可能相差 3 个。

一张地图只用 4 种颜色就够了吗

东京学艺大学附属小学
高桥丈夫 老师撰写

近代三大数学猜想之一

"任何一张地图，你可以只用 4 种颜色就使具有共同边界的国家标记上不同的颜色吗？"

你听说过这个问题吗，它叫四色定理，又称四色猜想，是世界近代三大数学猜想之一。它的历史，可以追溯到 160 多年前。

1852 年，来自伦敦的年轻数学家格斯里（1831–1899 年），在一家科研单位进行地图着色工作时，发现每幅地图都可以只用 4 种颜色着色。于是，他提出了四色猜想：在不引起混淆的情况下，一张地图只需 4 种颜色进行标记。这个现象能不能从数学上加以严格证明呢？

证明已是百年后

图 1

如图 1 所示，如果只是要画这样一幅简单的地图，可以很容易证明 4 色可行。但是，想要证明四色猜想能运用于所有地图，其过程十分之困难。

直到 100 年之后的 1976 年，美国数学家阿佩尔与哈肯在伊利诺斯大学的两台电子计算机上，用了 1200 个小时，作了 100 亿个判断，结果没有一张地图是需要 5 种颜色的。猜想得到了证明，被称为四色定理，轰动了世界。借助计算机的发展才得以证明，四色猜想真不愧是世纪性的大难题。

迷你便签　是不是很心动啊？快快准备一张国家或地区空白地图，开始你的四色定理挑战之旅吧。

57

计算 □5 × □5 不需要笔算

东京学艺大学附属小学
高桥丈夫老师撰写

阅读日期　　月　日　　月　日　　月　日

个位数是5的相同数相乘

仔细观察以下 □5 × □5（个位数是5的两个相同数）的运算。你发现什么规律了吗？

15×15	=	225
25×25	=	625
35×35	=	1225
45×45	=	2025
55×55	=	3025
65×65	=	4225
75×75	=	5625
85×85	=	7225
95×95	=	9025

首先，我们很快发现乘积的最后两位都是25。然后根据结果，继续找一找百位数、千位数的规律。

以 25×25 为例，可以将算式转化为图形（图1），分别是1个大正方形，2个长方形和1个小正方形。图1经过变形，形成图2，可以看作是1个大长方形和1个小正方形。大长方形面积等于 $20 \times (20 + 5 + 5)$，小正方形面积等于 5×5，$20 \times (20 + 5 + 5) + 5 \times 5 = 625$。

除此之外，也可以直接进行①②③④的分步计算。（图3。）

十位数相同，个位数都是5的情况下，还可以推断出如左图所示的规律：前几位是十位数 ×（十位数 +1），最后两位是25。

计算的意义，用图来表示更清楚。运算的规律，以图作说明更清晰。

图 1

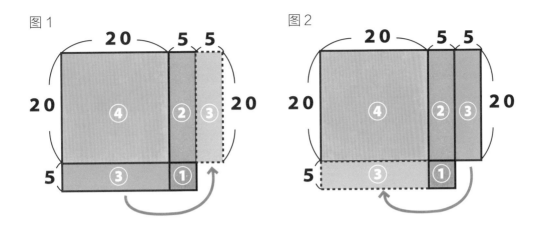

图 2

图 3

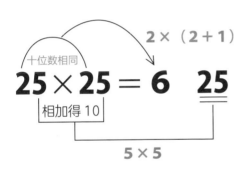

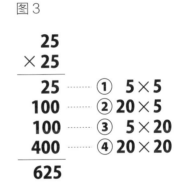

$$25 \times 25 = 6 \quad 25$$

十位数相同

2 × (2 + 1)

相加得 10

5 × 5

```
      25
    × 25
      25  ⋯⋯ ① 5×5
     100  ⋯⋯ ② 20×5
     100  ⋯⋯ ③ 5×20
     400  ⋯⋯ ④ 20×20
     625
```

迷你便签

　　像□5×□5这样的，有固定形状的算式，可能还藏着不少运算规律。有兴趣的话，可以找一找。

简单图形打造的花样图案

东京都 杉并区立高井户第三小学

吉田映子老师撰写

阅读日期 月 日 | 月 日 | 月 日

组合一下有惊喜

右边这个图案（图1）挺好看的，想画的话该从哪里开始呢？

当然了，画法是有很多种的，并不需要拘泥。今天，要给大家介绍一种利用图形进行组合的方法。

首先，准备两张相同大小的正方形纸。然后，分别对折，形成像A、B这样折痕（图2）。

将A放在B的上面，将折痕一一对应（图3）。

图1

图2

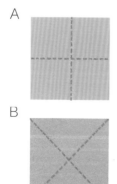

A

B

图3

A

B

绕着两张纸描画一圈，图案就出来了。想要更精致一些的话，就在交点处画上记号，再用尺子把记号点连起来。

你也来画一画吧。

想一想

这是由哪些图形组成的？

猜一猜这两个图案是由哪些图形组成的呢？

（图4）钥匙孔形→（图5）圆形和等腰三角形

（图6）心形→（图7）正方形和2个圆形

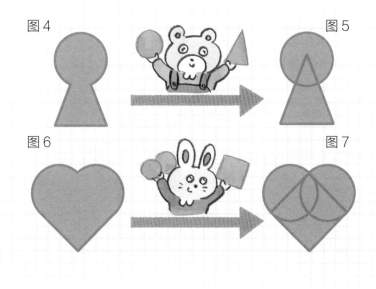

我们身边有许多含有设计元素的图案，大家可以试着从图形组合入手，来探究它们的形成过程。

不下水也能测量河流的宽度吗

5月 27日

岛根县 饭南町立志志小学

村上幸人 老师撰写

阅读日期 ✎ 月 日 | 月 日 | 月 日

数学的力量，启动

面前有一条河流，我们想在河上搭建一座桥。需要知道河流的宽度，才能准备桥梁相应的材料。

那么，怎样才能测量河流的宽度呢？拽上一条绳子，扑通一声跳下河，游到对岸？这确实是一种方法，不过可是有溺水的危险啊。这时候，让大伙儿见识见识数学的力量吧。

准备一个量角器或等腰直角三角板。这些都没有的话，可以把正方形的纸对折，得到的形状和三角板是一样的。

首先，在对岸选择一棵醒目的大树。正对大树的地方，就是直角的位置。然后，沿着岸边走，找到那个与大树呈 45 度角的地方。

测量一下步行的路程，这就是河流的宽度。

关注直角和45度角

为什么不下水，也能测量到河流的宽度？请看一下手中的三角板：两条直角边长相等，两个锐角度数相等（45 度）。

利用这个性质，我们可以发现，在河流上"出现"了一个巨型的三角形。河流的宽度，就等于沿着河岸从直角步行到 45 度的距离。即使不下水，也可以知道河流的宽度了。

也可以测量大树的高度哟

利用这个方法，也可以量一量大树的高度。在空旷的地方选棵树试试吧。

这把三角板有点儿意思。夹角为直角，两条直角边相等的三角形，叫作"等腰直角三角形"。小小预告一下，7 月 3 日的内容也很有意思哟。

数字卡片游戏——加法篇

御茶水女子大学附属小学

久下谷明老师撰写

玩一玩数字卡片

图1

图2

图3

现在有 1-4 的数字卡片各 1 张（图 1）。今天，我们就要用这 4 张卡片，玩一玩数字游戏。两个问题已经准备好了，请看题。

【问题 1】

把 4 张卡片分别放入 4 个格子中，这是一道两位数加两位数的运算。怎样放置卡片，才能取得最大的和呢（图 2）？

【问题 2】

同理，怎样放置卡片，才能取得最小的和呢（图 3）？

大家也可以准备 4 张卡片，移一移，动一动，答案自然就出来啦。

解一解数字游戏

怎么样，有眉目了吗？这就开始对答案了。

先看问题1，当数字卡片如图4所示摆放时，和最大。

不过，卡片放置的答案并不是唯一的。如果将卡片4和3调换，和还是73。

如果将卡片2和1调换，和不变。因此，有多种卡片摆放的方式。

再来看问题2，当数字卡片如图5所示摆放时，和最小。和问题1相同，卡片摆放的方式也有多种。

图4

图5

将游戏的范围扩大

在思考了两位数加两位数的问题之后，数字游戏还可以进行多重变身。"如果使用1-6的数字卡片？""如果是三位数加三位数？"问题接踵而来。请使用1-6的数字卡片，解一解三位数加三位数的数字游戏：怎样放置卡片，才能取得最大或最小的和？

既然有了加法的玩法，是不是也有减法的玩法呢？没错，减法篇就在6月20日。

抛物面天线的二三事，神奇的反射器

岩手县　久慈市教育委员会
小森笃 老师撰写

阅读日期　　月　　日　|　月　　日　|　月　　日

如果小球落向反射器？

如图 1 所示，这样的天线叫作抛物面天线，它有一个像大碗的反射器。在这个反射器上，有意思的事情发生了。

图 1

如图 2 所示，这是小球落向反射器又弹起时的画面。从不同地点垂直下落的小球，居然在反弹后都经过同一个点（焦点）。

如果从同一高度落下？

有意思的事情还有呢，从不同地点、同一高度垂直下落的小球，将在同一时刻通过焦点。以图 2 为例，6 个小球将在同一时刻在焦点处碰撞在一起。

图2

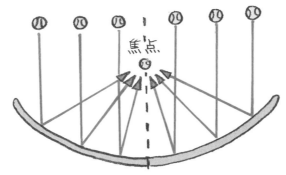

焦点

利用这一性质，抛物面天线在接收来自远方的信号时，电波会经过反射器反射，汇聚到位于焦点上的照射器（馈源）上。因此，馈源可接收到最大信号能量。

扔一扔棒球

当我们投掷一个棒球时，棒球运动的轨迹，和抛物面天线的反射器形状是一样的。这条线就是"抛物线"。

迷你便签

我们在楼顶上常见的卫星天线，就是一种抛物面天线。

快速笔算游戏的秘密

东京学艺大学附属小学
高桥丈夫 老师撰写

阅读日期　月　日　　月　日　　月　日

比一比，谁算得快

和朋友来玩一个快速笔算游戏吧。

① 让小伙伴说出第 1 个三位数

346

② 让小伙伴说出第 2 个三位数

283

③ 你说出第 1 个三位数

283 + □ = 999"

716!

④ 让小伙伴说出第 3 个三位数

472

⑤ 你说出第 2 个三位数

472 + □ = 999

527

⑥ 计算吧！！

图1

首先，小伙伴说出 3 个三位数，你说出两个三位数。然后，对 5 个三位数进行加法笔算。比一比，谁算得快。

如图 1 所示，首先，小伙伴说出了 346、283 两个三位数。接下来轮到你了，注意了，你的数字内有玄机。用 999 减去小伙伴的 283，就是你的数。于是，你说出第 1 个三位数 716。当小伙伴说了第 3 个三位数 472 后，又轮到你说了。同样的，999 减去小伙伴的 472，就是你的第 2 个三位数 527。

看破玄机了吧，你的数加上小伙伴的后两个数，就等于 999 + 999 = 1998，也就是 2000 减去2。因此，5个三位数的和就是，346加上2000减去2，得2344（图2）。

图2

① … 346
② … 283   相加得999
③ … 716   你说的数字
④ … 472   相加得999
⑤ … + 527 你说的数字
    346
    999   2000 - 2
  + 999
  ─────
⑥ 2346 - 2 = 2344

写一写，预言数字

按照这样的方法，除了可以比小伙伴算得快，更可以上演一个预言环节。当小伙伴刚说出第1个数字时，结果就已经可以推断出来了。把数字悄悄写在纸上，放进口袋里。

奇迹发生啦，呈现在小伙伴眼前的是，口袋里的数字居然和最后的答案一模一样！

迷你便签

四位数也可以玩这个游戏哟，这样的话，两数相加之和要等于9999。快来挑战一下吧。

找出藏起来的四边形

北海道教育大学附属札幌小学
泷泷平悠史 老师撰写

阅读日期	月	日	月	日	月	日

图上有多少个四边形？

如图 1 所示，一个大长方形被平均分成多个小方格。请数一数，图中一共有几个四边形？

图 1

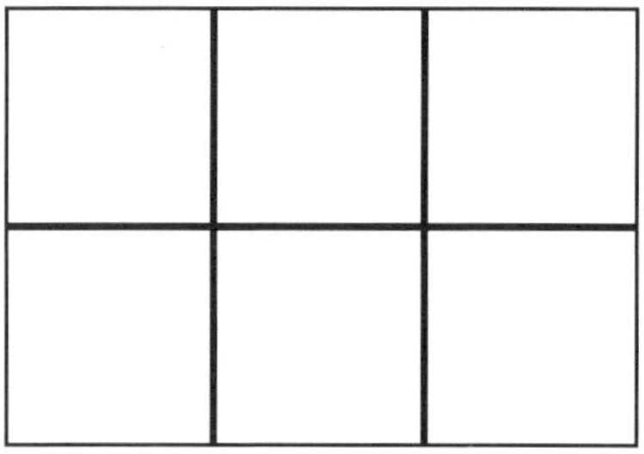

图 2

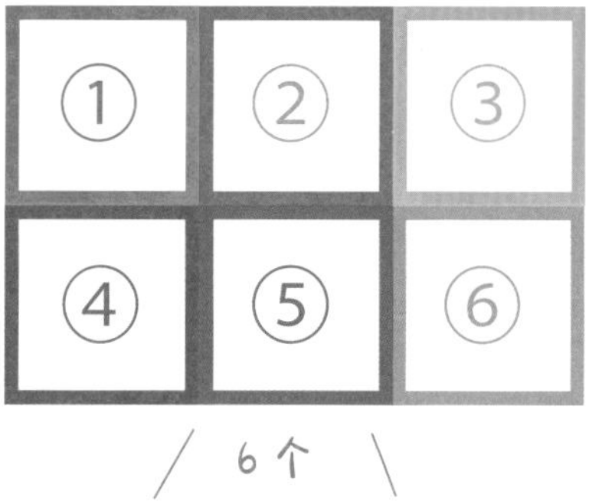

6 个

数清楚了吗？可能你的答案是"6 个"。如图 2 所示，小正方形一个一个地数完，的确是有 6 个四边形。不过，其实在图中还藏着许许多多的四边形。

算上重合的图形呢？

灵感一闪而过，重新数一数。如图 3 所示，图中还藏着"竖着的长方形"和"横着的长方形"。如图 4 所示，还有 2 个"特别长的长方形"。如图 5 所示，再来 2 个大正方形。最后呢，别忘了把整体的大长方形算进去。

发现了全部的四边形，我们认真地数一数：小正方形 6 个；小长方形，竖着的 3 个，横着的 4 个，特别长的 2 个；大正方形 2 个；大长方形 1 个。一共是 18 个。将重合的情况考虑进去，我们眼中的数学世界变得更加宽广。

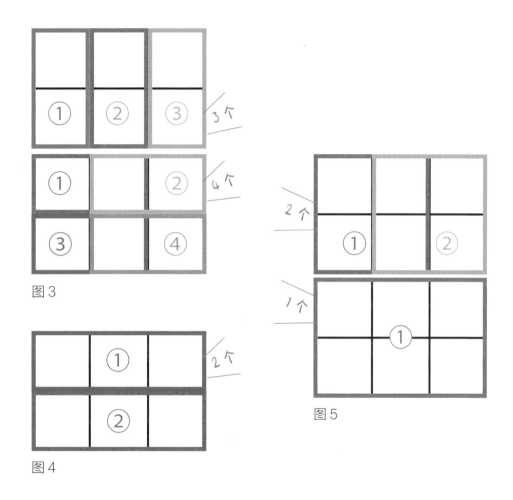

图 3

图 4

图 5

组成长方形的小方格，经过增加、组合，又会变化出多种花样。上图的大长方形，长为 3 个小方格，宽为 2 个小方格。如果将长和宽都增加 1 个小方格，四边形的数量又会怎样变化呢？来试试吧。